創造都市と日本社会の再生

佐々木　雅幸

地方自治土曜講座ブックレットNo. 96

はじめに　―文化による都市再生の動き

「創造都市とは何か」を考えるにあたって、「文化による都市の再生」に関する世界の最近事情から始めましょう。

２００３年９月中旬、ヨーロッパに１０日間ほど調査に出かけました。私はイタリアの都市と地域社会を研究対象に日本との比較研究をしていますが、今回はスペインとフランスとオランダを廻ってきました。その目的は、オランダのアムステルダムで、「創造性と都市」という国際シンポジウムが開かれ、そこに世界中の「創造都市論」あるいは「創造産業論」の代表的な研究者や政策担当者が集まるというので、それに参加するためでした。併せて、「文化による都市再生」、「文化政策による都市の活性化」の現状も調べたいということで、かけつけてみました。

左の写真はスペインのバスク州の中核都市、ビルバオというまちに97年10月にオープンした「グッゲンハイム・ミュージアム・ビルバオ」で、正面に光っている建物は表面がチタンで覆われています。チタンはロケットや航空機に使う材料でステンレスよりはるかに腐食しにくく高価な金属材料ですが、これをふんだんに使った、それ自体が現代アート作品であり、造型的にもユニークな美術館です。ビルバオというまちは、このミュージアム建設のために約1億ドルをかけたと言われています。このミュージアムは5年間で515万人の入館者を迎えていて、GDPでは6億5530万ユーロ、直接雇用で4100人、税収で1億1750万ユーロの経済効果があったと報告されていますから5年間で投じた資金は回収して非常に成功した事例です。美術館が経済効果を持つということは、現代の成熟した経済社会においては定説になってきていまして、ビルバオの例は美術館が衰退した都市を蘇らせる起爆剤になるというヨーロッパにおけるモデルケースと言

「グッゲンハイム・ミュージアム・ビルバオ」

われています。だから、他の都市も美術館を作れば自動的にうまくいくということではなく、うまくやるとビルバオのように成功するということです。このまちは長い間、造船不況で苦しむ重工業のまちでした。私は2回、調査に訪れましたが、この美術館が建っているのは、ネルビオン川岸周辺の荒廃している地域で、わざわざ停滞している地域を選んで美術館をつくったということが特徴です。このまちがなぜ、現代アートを都市再生の起爆剤としようとしたかという点について関係者の話を聞きました。するとおもしろい意見が返って来ました。

つまり、20世紀は製造業を中心とした重工業の時代であったが、21世紀は知識経済（ナレッジ・エコノミー）の時代、知識と情報が経済の主役になると言われていて、どのような都市経済のエンジンが必要かというと、大きな工場ではなくクリエイティブな活動をする個人が経済発展にとって大事だろう。そうなるとクリエイティブな人たちを集めるような地域の文化の魅力がカギになるから、地域の文化を創造的にするためには最先端の現代アートの力を借りてはどうか、というのがビルバオの都市再生戦略の発想の根源です。

この戦略のもとで、市議会と州政府、地元経済界が一体になり、空港の開設、路面電車や地下鉄など公共交通機関の整備、そして、コンベンションホールなどと並んで都心に文化施設を整備する総額15億ドルの都市再生事業に取り組んだのです。欧州の都市再生の機軸には環境と文化が位置づけられています。大事なことは造船業など重工業を中心にしていた都市が衰退してしまった時に、現代アートが新しい産業を生み出し、失業中の人たちに精神的な励ましを与えるような契機になるか否かということです。ビルバオは今のところそれに成功しているようで、最悪の時は20%ほどあった失業率が8%程度に回復してきました。8%といえば、今の日本よりは悪いかもしれませんが、ヨーロッパ平均に回復したのです。ビルバオのケースは、現代アートを都市戦略の中にうまく生かせば都市を再生させる効果があるという事例として評価することができると思います。私は都市再生を考えるとき、頭の中で政策や理論をつくるより、世界で今、どんな都市が元気なのか見て回るなかで、具体的に日本のケースと比較しながら考えるようにしています。ビルバオの再生は非常に興味深いケースだと言うことができます。

しかし、どのような都市でも大金を叩いてこんなに立派な美術館をつくって世界的に有名になることができるわけではありません。次にお話するのはフランスのナントというまちです。「ナントの勅令」という1589年に起こった世界史的事件で有名な都市です。バチカンに対抗して教皇を立て、政教分離を宣言した歴史的に由緒あるまちです。近代には製造業や造船業で発展しましたが、日本や韓国に追い上げられて経済的に衰退してしまいました。そこでナント市も「文化による都市再生」に取り組んだわけです。私がお会いして話を聞いたのがジャン・ルイ・ボナンさんという方です。この方は１９９５年から現在までナント市の文化局長を勤める大変魅力的な人物です。ボナンさんはナントの文化政策を３つの点で大きく変えました。ひとつは市民の創造活動を文化政策の中心に据えたこと、２点目は有名な夏のクラシック音楽のフェスティバルなど１年を通じてたくさんの市民が参加でき、芸術を学ぶ「場」を多様につくったこと、３点目は市の予算の１１％にあたる４０００万ユーロを文化予算に確保して投じていること。簡単なことではなかったようですが、市長を説得してこういうことをやりました。日本の場合、一般に公務員は大学を卒業後、新規に採用されて４０年近く同じ役所で働くわけですが、ヨーロッパの場合、ボナンさんのようなポジションにある人はあちこちの都市を渡り歩きます。彼は文化政策の専門家としてフランスのいくつかの都市で成果をあげています。

写真はビスケット工場の跡です。フランスではナントのまちでつくられていたさ

Lieu Unique「リュー・ユニーク」

“LU”「リュー」という名前のビスケットが有名ですが、今ではその工場は閉鎖されています。

ボナンさんはこの工場をアートスペースに転換させました。入り口に“Lieu Unique”「リュー・ユニーク」と書かれた看板が出ています。フランス語でリューという言葉は場所や環境を指し、ユニークとは文字通り世界にここしかないという意味です。「世界にひとつだけの場所」という訳です。ビスケット工場の跡地がなぜ「世界にひとつだけの場所」という名前なのかというと、この工場を市役所が借り受けてアートスペースに変えたのです。そのアートスペースの運営は市民のボランティアグループに任せています。工場をわずかに改装したに過ぎませんから、立派な劇場というほどのスペースではないのですが、世界中のアーティストがここにやってきて、さまざまな演劇、ダンス、現代アートの催しが行われています。その一角にはブックショップやカフェやレストランがあり、深夜3時まで開いていて、市民が気楽にアートに近づく場がふんだんにあります。ナントの場合はビルバオのように立派な美術館をつくるのでなく、閉鎖された工場をアートスペースに変え、世界にひとつしかないユニークな創造空間として使うことで成功したというケースです。

次にアムステルダムについて話をしてみたいと思います。次頁の写真はオランダらしい赤レンガの建物ですが、由緒ある宮殿などではなく、ウエスター・ガス・ファブリークといって、アムステルダム市の西のはずれにある都市ガス工場の管理棟として使われていたものです。内部は現在、映画館やアートスペースとして使われています。手前に芝生のきれいな空間と水辺が見えます。この美しい空間は以前ガス製造工場があったところで、一角にはガスタンクも残っています。工場の跡地は土壌が汚染されていたりするので、ヨーロッパではこういう場所を「ブラウン・フィールド」と呼びます。土地が汚染されていますからそのまま住宅地にはできません。ここではまず、土壌を入れ替えて自然公園にしました。工場跡地は13・5haあったのですが、ここをそっくり環境再生しながら残った建物をアートスペースとして活用し、アムステルダム市内に住むアーティストや芸術団体にリーズナブルな利用料金で使ってもらっています。ウエスター・ガス・ファブリークの場合、区議会が専門家を委嘱して施設のマネジメントをしているということです。次頁の写真はこの施設を使って行われた“Creativity and City”「創造性と都市」とい

「ウエスター・ガス・ファブリーク」

う国際会議で、世界中の研究者や文化関係者が集まり3日間議論した時の様子です。こういう場所を創造的な環境、クリエイティブ・ミリューと呼んでいます。

その後、オランダのロッテルダムに行きました。ロッテルダムも造船と港の町でしたが、やはり近年、工業化時代の港湾機能と造船関連業種が衰退してきました。ロッテルダムの場合、注目されるのはある場末の通りの変化です。町の中で最も衰退したため、麻薬が売られ、治安が悪くなったヴィッテ・ディ・ヴィスという名前の通りの住民たちがアーティストと協力して幾つかの小さな美術館を連続的に配置して、それらの美術館の間に例えばミュージック関連やファッション、アンティーク、写真などアート関連のお店を次々と出店して並べたのです。そうするとアーティストたちもその間に住むようになり、「芸術街」に変っていきました。こうした創造性あふれる芸術関連の施設や工房、ショップなどが集積したものを創造的クラスターとも呼んでいます。

「「創造性と都市」シンポジュウム会場風景」

以上のように、都市の産業構造が急激に変化して、企業倒産や失業者の増加などいろいろ問題を抱えて「都市危機」に陥ったときに、ビルバオはかなりの資金をつぎ込んでそれ自体現代アートといえる美術館をつくり、また、ナントでは、ビスケット工場の跡地をクリエイティブなスペースに変え、さらにアムステルダムは汚れた土地を環境再生しながらアートスペースに変え、またロッテルダムでは居住者が芸術家と一緒になって周辺の治安を改善し、雰囲気のよい芸術街にコンバージョンしています。以上４つのパターンを紹介しましたが、ヨーロッパではこのように都市の中に「創造的な場」を取り戻そうとする多様な試みが進んでいるのです。

日本では、ある一つのモデルが成功するとみんな同じことを真似するのですが、ヨーロッパの場合は、これまで紹介した４つの都市を見るだけでも、都市の中にそれぞれ特徴のある多様で個性的な「創造の場」を作り、芸術文化を核にした新たな都市再生に向かう流れを作っていることがわかります。

I　都市再生

――創造都市・創造階級・創造産業

「ニューヨークのグランド・ゼロ」

1　都市が創造性を取り戻すために

アムステルダムでのシンポジウムでは「創造性と都市」がテーマとなり、中でも「創造都市論」について熱い議論が展開されました。

「創造都市論」は、日本では1997年に『創造都市と経済学』という本を上梓して私が一応、そのリーダーということになっています。

ヨーロッパでは、イギリスで2000年に私の友人のチャールズ・ランドリーが『創造都市』という本を書いています。彼の本は埼玉大学教授の後藤和子さんが監訳をして出版されていますので、簡単に読むことができます。これはヨーロッパの各地域での「創造都市の実験」から教訓を引き出し、創造都市をつくるためのポイントをまとめた本で、日本でも参考になることが多く書かれています。アメリカではリチャード・フロリダが2002年に『創造階級の興隆』という本を書いて有名になりました。この「創造階級」という言葉は「創造都市」や「創造産業」と並んで、まったく新しい概念です。

ヨーロッパだけではなく、アメリカ経済も実は脱工業化の中で、大変苦しんでおります。９０年代の長期にわたるバブル経済の宴の後、２００１年の９・11事件の前からすでに景気も悪くなっておりますが、基本的には、２０世紀を象徴する製造業をベースにした経済が徐々に衰退しているということです。

それに変わって、「クリエイティブ・エコノミー」＝「創造経済」あるいは「ナレッジ・エコノミー」＝「知識経済」という言葉に示されるように物的生産に比して知的生産のウエイトが大変高くなり、創造性や知識に基づく経済が主流になりつつあり、それを支えているのが「クリエイティブ・クラス」＝「創造階級」という新しい職業階層の人達であるということです。

「創造産業」とは、「創造階級」とは

では、どういう産業を「創造産業」といい、どういった人々を「創造階級」というかと言いますと、アメリカとイギリスではやや概念の違いがあるのです。

イギリス政府は98年あたりから「創造産業」という報告書を出すようになりました。その報告書では「創造産業」とは「個人の創造性、スキル、才能を源泉とし、知的財産権の活用を通じて富と雇用を創造する可能性を持った産業」と定義しています。例えば音楽とか演劇とかの伝統的な文化産業から、いま日本が世界的に強いと言われているアニメやソフトウエアとかのデジタルコンテンツ系の産業、そして、それに加えて放送も含めたメディア系の産業や広告産業さらには工芸やデザイナーズ・ブランドのファッション産業だとかも含めた芸術文化娯楽系の産業など合計13業種で約95万人、その他の産業の創造的労働者を含めて140万人（全産業の5％）以上が雇用され、約250億ポンドの付加価値（GDPの4％）と75億ポンドの輸出額をあげる一大産業となっているようです。イギリス政府は観光業も最近はカルチュラルツーリズム＝文化観光と呼んだりして創造産業論の中にいれようとしております。

アメリカの場合はこれに加えて、いわゆる自然科学的な意味での研究開発（R&D）、つまり「知財ビジネス」と言っている分野も含めて「創造産業」として議論するようになっております。そのような広義の「創造経済」の分野ではアメリカが世界の半分ぐらいのシェアを持っています。

製造業では中国などの途上国に浸食されてドンドン追い上げを食い、中国に対して巨額の貿易赤字を抱えているけれども、「創造産業」のところではアメリカは実に大きな発展を遂げている。

「知識経済」とか「創造経済」というのは脱工業化時代の新しい経済のあり方を指す言葉です。

そのような新しい産業がどのような人々によって担われているかといえば、当然ですがアーティストやクリエーター系の人々、それから研究開発に携わる科学者やエンジニアの人達、あるいは弁護士や国際的会計業務をする専門職の人達です。この人たちが「創造階級」と呼ばれるわけです。

フロリダによれば具体的に創造階級を構成するものは「超創造的中核」と「創造的専門職」の2つであり、前者は①コンピュータ・数学、②建築・エンジニア、③生命・自然科学および社会科学、④ 教育・訓練・図書館、⑤芸術・デザイン・エンターテイメント・スポーツ・メディアの各専門職種、後者は①マネジメント、②ビジネス・財務、③法律、④保険医・技師、⑤セールス・マネジメントの各専門職種を挙げており、1999年において前者は1500万人で、就業者全体の12%、後者も合わせると「創造階級」全体で3830万人に達し、全就業者の30%を占めることになります。

アメリカの都市を見ていくと、そのような人達が集まっているところが発展をしているという説があります。シリコンバレーとかオースチンのようなハイテク産業が集積しているところは、研究者だとか科学者というハイテク職種の人が多いのはあたりまえですが、それだけではなくて、もう一方でボヘミアンと呼ばれるアーティスト系の人たちがそれらの発展する都市に多いのです。しかし、実は、経済統計ではアーティストというのはなかなか把握できないのです。日本でもそうですが芸術の分野だけで仕事をして生活ができる人はごく少ないのです。多くの芸術家は学校の先生をやったり、レストランで皿洗いをしたり、アルバイトをしながら芸術活動をしています。そのような場合、経済統計ではこういう人達は別の業種に分類されてしまうのです。

そこで、フロリダはおもしろい方法を考えつき、「ゲイとハイテクが重なりあっ都市が伸びる」と言ったのです。アメリカではゲイ、つまり同性愛者に関して「社会指標」が取られていまして、実は、同性愛者の中にアーティストが圧倒的に多いのです。フロリダはこの「ゲイ指標」で一躍世界的に有名になったのですが、彼の話を聞きたいというので、アムステルダムにヨーロッパあるいはアジアから200人ぐらいの研究者が集まったのです。

「サステナイブル」と「クリエイティブ」

集まった場所が実におもしろいのです。先ほど話したようにそこはアムステルダムの都心部と郊外のちょうど中間地点の都市ガス工場があった場所でした。都市ガスというのは今ではエネルギー転換をしてもう必要なくなって永らく空き地になっていたのです。

オランダのアムステルダムやロッテルダムというのは、土地がほぼ全部公有地なのです。低湿地にいくつかのダムを作って都市にしたからです。だから全ての土地の利用計画は市民あるいは市議会が議論して決めることができる。そのアムステルダムの会議が行われた場所は、市議会の下にある地区議会が管理しています。その地区議会で話し合いのすえ、その広大な施設を半分は自然公園にして環境に配慮して使い、残りの半分は古い建物の雰囲気を活かして、これを芸術目的に使うというやり方を決めたのです。

「サステナイブル&クリエイティブ」、これは今ヨーロッパの地域再生のキーワードです。地域を再生するときにこの二つの要素を組み合わせるとうまくいきます。アメリカでは「ゲイ」と「ハイテク」ですが、ヨーロッパでは「サステナイブル」と「クリエイティブ」です。

まだ、手付かずの自然や緑があって、これから何か開発しようという土地はグリーン・フィールドとよびますが、それに対して、例えば、鉱山の跡地、公害が発生した跡、ガス工場の跡など一旦工場があって汚れてしまった場所、こういうところを一般的にブラウン・フィールドと言うのです。このブラウン・フィールドの再生をサステナイブルとクリエイティブという概念でやろうということです。

まさに都市が創造性を取り戻す、あるいは創造性を中心にして新たな産業を興していく「創造の場」として構想されている。この概念はドイツのルール地方のエムシャーパークの再生プロジェクトなどでも採用されて大変成功をしています。

おそらく、これから話題にするイタリアのケース、あるいは日本の幾つかのケースも、ヨーロッパで今、普及している地域再生あるいは都市再生のやり方をしているということをご紹介していきます。

2 「世界都市」から「創造都市」へ

私は「地方財政論」とか「地域開発論」を勉強しながら、最近は「都市論」の分野にかなりシフトをしております。それは、21世紀は「環境の世紀」だとか「平和の世紀」だとか、いろんな言い方をされますが、間違いなく「都市の世紀」になるだろうと考えているからです。

20世紀が「巨大国家の世紀」であったとすると、国家というのは歴史的に衰退期に入って、21世紀は再び「都市の世紀」になるのではないかとおもわれます。その「都市の世紀」をリードする都市の在り方に関心があるからです。

「世界都市」――バブル時代の都市モデル

２０世紀の後半、ちょうど日本経済がバブルの頂点にあった時代には、２１世紀の都市モデルというのは「世界都市」ではないかと言われました。１９９０年初頭、今から１２、３年前の日本にちょっと思いを巡らしていただきますと、ニューヨーク、ロンドン、東京という3つの世界都市が話題になっておりました。

東京では、お台場の臨海副都心の開発が大変話題になっていたわけです。都市が２４時間眠らないで活動する。サラリーマンの間では「２４時間戦えますか」という言葉が合い言葉になり、この「２４時間都市」は、金融の面での２４時間ディーリングという、世界の三大金融市場が一日中休みなくリアルタイムで動いている新しい事態が生み出したともいえます。ニューヨークでは２４時間働く人達がいるものですから、地下鉄は２４時間動いています。東京は当時まだ２４時間動く必要はなかったので、大体夜中の1時ぐらいに終電車があって、朝の5時ぐらいに始発電車があるのですが、いずれ東京の地下鉄も２４時間になるだろうというようなことが当時は言われていました。

一日に8時間ないし１０時間、経済活動をしていた都市が２４時間動くようになったら、経済活動は大体3倍ぐらいの収益が上がって当たり前であり、地価も3倍になっておかしくないだろうという声が不動産業者の間から出てきました。さらに、東京の都心の丸の内が従来の8時間から3倍の24時間都市になれば、貸ビル、オフィスビルで上がる収益が3倍に上がるのだから地代も3倍になるというまことしやかな説を都市銀行系のシンクタンクが報告書で広めてから地価の暴騰が始まったわけです。

「世界都市」というのは、バブル開始の合い言葉でもありました。当時の国土庁は「世界都市・東京」を作ることを四全総＝第四次全国総合開発計画の中心課題に位置付けました。しかし四全総が「世界都市・東京」を整備するということだけでは、地方から不満がもれますので、バランスをとるために「多極分散型国土」という懐かしいキーワードも登場しましたが、これはあえなく掛け声だけに終わりました。

当時、これから述べるイタリアあるいはドイツのような国土のあり方を多極分散型国土としてイメージしていました。しかし、この多極分散型国土を作るとはいうものの、地方の整備に廻された資金は竹下元首相の「ふるさと創世1億円」事業ぐらいのものでした。あとは地方の経済を再生するための妙案がなかったものですから、リゾートブームに巻き込まれるのにただ任せておくということでありました。

東京では「24時間都市」、「国際金融都市」というキーワードが地価をつり上げる根拠になり、地方圏では「リゾート開発」が地価吊り上げの根拠になりました。どちらに経済的な実態があったかといえば、地方圏のリゾート開発のほうに実態が乏しかったので、北海道と沖縄のリゾート開発は最悪の事態を招いて、その結果、北海道の拓殖銀行が倒産するという事態にまで至ったわけです。これは十数年前の話です。その時に「世界都市」という都市モデルが脚光を浴びていたわけです。

都市再生　―9・11事件と「世界都市」

1990年代の半ばには日本ではこの「世界都市」という看板はバブル崩壊と共に一旦外されました。東京都の都市政策も鈴木・元都知事から青島・前都知事に代わったときには「生活都市」というおとなしい看板に変わり、お台場の開発も一旦ストップしました。しかし青島さんは都の官僚たちにいじめられて結局すぐに退場しまして、石原慎太郎さんが都知事として出てきました。この時、石原都知事が再び「世界都市論」を持ち出したのです。今度はマイナーチェンジして「千客万来の世界都市」と看板が変わりましたが。

バブルの頂点のときはバブルマネーが余って踊っていたものですから、どんどこどんどこ民間主体で超高層ビルが建てられたのです。

石原さんが登場したときにはそういうことは簡単に言えないので、外資あるいは外国の観光客を集めてくることによって都心を再生するという考え方を取ります。そのために都心にカジノを作りたいと言ったのは有名です。

私は著名な作家である石原知事が東京都にカジノを作ると言ったときに、「情けないな」と思いました。大体カジノというのはラスベガスのように砂漠の真ん中のような人が集まらないところでやるから意味があるので、それを東京でカジノをやるなんて、しかも東京の都庁の上に置くとは、一体何を考えているのだという気がしたわけです。

そういう焦りから、この東京の「世界都市よもう一度」となった。つまり、バブル崩壊で塩漬けになった土地、不動産業者とゼネコン、そしてそれらに金を貸していた銀行、この業界にひと息つかせるために「世界都市よもう一度」ということを言い、小泉内閣は「都市再生」事業を緊急対策としてはじめたように思います。

都市再生本部は地方自治体としては東京都のみが副本部長を置いているという非常に異例な組織です。最初に再生事業として認可されたものの7〜8割程は東京に集中しておりましたから、「都市再生」というのは「東京再生」以外のなにものでもなく、しかも銀行と産業界とゼネコン業界救済のための事業です。ですから、都市再生事業ということをやればやるほど、そこに公共的資金が集中すればするほど地方の衰退を招いてしまったわけです。

私は、「世界都市」というのは政策目標としては止めにした方がいいと言っておりました。「世界都市」はいずれ世界中の人々から反感を買うだろう。グローバリゼーションの中でアメリカが一人勝ちし、金融的富がニューヨークに集まって、グローバルな文化支配の頂点としてニューヨークが機能すれば、いずれ世界的に富と貧困の格差が拡大する。あるいは、アメリカ・システムの混迷をグローバルスタンダードとして世界中に押しつければ押しつけるほど反感が広がるから、その反作用で何か大きな事件が起きるのだろうと予言的に『創造都市への挑戦』という本の中で書いていたのです。

それが9・11事件という形で不幸にも的中してしまったわけです。9・11事件は「都市の世紀」という21世紀の都市の在り方の中で、「世界都市ニューヨーク」の将来を暗澹たるものにした事件でした。最近、9・11事件現場である「グランド・ゼロ」（11頁の写真）を訪ねてみて、あらためて巨大都市の将来を考えさせられました。

Ⅱ　創造都市ボローニャ

「ボローニャの聖ステファーノ教会」

1　創造都市とは何か

―２１世紀の地域のあり方を考える大きなヒント

それでは「世界都市」に対して「創造都市」とは何かということで、最初にイタリアのボローニャから見ていきましょう。

対比される日本とイタリアの国家財政構造

最初に、今、なぜ、イタリアに注目したかということです。

ちょうど２０００年頃に日本とイタリアの「財政再建」が大変話題になりました。非常に単純化して言いますと、１９９０年、バブルの頂点のときに日本の国家財政は大変な税収増加で、財政収支は非常に良かった。その直後にバブルが崩壊し、景気回復のために公共事業を次々と打ちます。また橋本内閣が登場して、橋本6大改革をやろうとした時に景気がまた悪くなり、「世界の借金王」になっても公共事業を大規模にやるといって小渕元首相が出てきました。こうした事情で日本の場合は９０年から２０００年にかけて極端に財政収支が悪くなりました。

一方のイタリアはずっと「ヨーロッパのお荷物」と言われて、都市は元気だけれども国家は破綻していると言われていた。そのイタリアが、国家財政の赤字を解消しなければユーロの発足に参加できないということで、財政赤字を解消するために厳しい条件が突き付けられたものですから、財政再建を１９９０年初頭頃から始めます。

ちょうどイタリアはこの時期に、当時キリスト教民主党と社会党が交替で政権についていたのですが、両方の党に巨額の汚職事件が発覚して、二大政党が消えてなくなりました。この時、残った主要政党は共産党だけだったのです。一方でベルルスコーニというメディア王が出てきて、第一次ベルルスコーニ内閣ができるのですが、直後にスキャンダルで崩壊をして、９０年代の中ぐらいになりますと、いわゆる「オリーブの木連合」が出てきます。

日本では、民主党の菅直人代表が９０年代の中ぐらいに日本でもやりたいというので話題になりましたが、本家のイタリアでは「オリーブの木連合」という連合政権が生まれました。これは旧キリスト教民主党の中道左派の人達から環境派あるいは旧共産党の人達まで含める幅広い中道左派の連合で、2000年まで続きました。この時に急速に財政再建が進んでいきました。

その「オリーブの木連合」の中心人物のロマーノ・プローディという人が現在はEU委員会の委員長です。ボローニャ大学の経済学部長などを歴任された方で、実は「オリーブの木連合」はイタリアのボローニャが重要なポジションを占めていたわけです。

私は90年代に入ってからイタリアのボローニャに毎年のように出かけておりました。食事も美味いしオペラもあるし、しかも様々な先駆的な自治体政策、産業政策を展開しておりましたので楽しみながら勉強に出かけていったわけです。

日本とイタリアの国家財政がなぜこんなに明確に対比される構造になったかというと、実はこの「オリーブの木連合」が出てきたときに、ボローニャ・モデルによる地域や都市の再生が国家財政の破産からの救済の一つのモデルになっているのではないかというふうに考えたわけです。一方、日本の場合は、政権交替は一応あったものの、基本的に構造改革ができないままできたということが財政の破産に現れています。

評価されるイタリア的生活とものづくり

ボローニャとはどんな町か。私は留学後に『創造都市への挑戦』という本を出しました。作家の井上ひさしさんが推薦の言葉を書いてくれたので、それを紹介します。

「これからの日本人がどう生きるべきか。そしてこの先の社会をどう築き上げるべきか。これはそのための聖書、豊かな実例を交えながら、しかも情熱込めて書かれています。読み終えたあと私は首が痛くなりました。もちろん何十回となく強くうなずきながら読んだからです。」

ボローニャという町を考えると、それはボローニャの物語だけにとどまらず、21世紀の地域がどうあったらいいかを考える非常に大きなヒントを含んでいます。

NHKが井上ひさしさんの『ボローニャ日記』という番組を制作することになっております。私もちょっと応援をしました。

作家の井上ひさしさんと私が知り合いになったのも実は、ボローニャという町のおもしろさを通じてです。私は経済学、その中の都市経済学とか地域経済学という領域の研究をしているわけですが、そういう者から見てボローニャという町は、何がおもしろいかと言いますと、経済学あるいは地域経済論というのは一般的には２０世紀の大量生産の技術が世界的に普及した現在、企業というものを小企業、中企業、大企業、巨大企業と規模別に比較したら、当然、大きな資本力と工場で大量に物を作る大量生産システムを備えた企業が最も生産性が高いわけです。

小企業というのは経営者の能力が劣っていたり、作っている品物に魅力がなかったり、そこで働いている人達があまり一生懸命働かない。だからいつまでも小企業のままとどまるのだというふうに説明をしますから、日本でも、バブルの時代までは有名大学を卒業した人はみな大企業に行き、そうでない人達は中小企業で働くという二重構造が当たり前だと言われていました。

しかし、最近はそういう説明は通用しなくなりました。最も競争力があって革新的な物づくりは大企業にはできなくて、むしろ小企業、ベンチャー、場合によると物づくりにこだわった職人が多い企業ではないかという話が広まっています。

とりわけ生活材（消費財）の分野では、例えば日本でもバブルの時代からヨーロッパ・ブランドのファッション、鞄、家具、インテリアが非常に広まってきています。こういうブランドのファッション製品の多くは圧倒的にメイド・イン・イタリアで占められます。食べるものを見ても、バブルの当時はフレンチ・レストランが一度はドッと増えたのですが、バブル崩壊と共に姿を消して、たいがい今イタリアン・レストランに変わっております。そして今先端的食文化はマクドナルドに代表されるファーストフードではなくてイタリアの片田舎から広まったスローフードということになってきています。イタリア的な生活とか物づくりのあり方が、バブルが終わった後でも、引き続き先進国の市場の中で評価されている。職人的な感性を残した中小企業が作っている製品がアメリカ的な大量生産のシステムと十分に競争して生き残っていけることが分かってきた。

さらに、大量生産システムは中国のように、これから発展する国では必要だろうけれども、成熟した先進国のマーケットの消費者には大量生産型のものはもう飽き飽きされて見向きもされなくなるのではないかという市場の変化があるのです。

このような市場の変化を、経済学者は「大量生産の時代が終わった」あるいは、大量生産型ということで「フォーディズム型の物づくりの時代が終わった」と呼んでいるわけです。

2　創造的で革新的な職人企業の活躍

それに代わって新たな「ネットワーク型企業」という考えかたが広まってきた。

これがどこから始まってどのように市民権を得たか。「第三のイタリア」という言葉が注目されるのは１９８０年代から９０年代にかけてです。フィレンツェ、ボローニャ、ベニスにかけての中部イタリアと呼ばれる地域、ここは、圧倒的に中小企業が多いエリアです。この中小企業が８０年代、９０年代にかけて世界的に注目を浴びることになります。従来の大企業が集積したミラノ、ジェノバ、トリノを中心にした地域が「第一のイタリア」。ローマより南の石油コンビナートなどが進出したバーリやナポリを中心にした地域は「第二のイタリア」と言われた。７０年代のオイルショックの後この２つのイタリアに変わって「第三のイタリア」が格段の成長力を示したのです。

とくに注目を浴びたのはこの「第三のイタリア」の真ん中に位置しますエミリア・ロマーニャ州で、その州都がボローニャです。このボローニャが「オリーブの木」という新しい市民運動の中心になっていったわけです。

産業でも政治の上でも話題性を持っておりました。サッカーの中田選手は最初に「ベルージャ」に行って、「ローマ」から次に「パルマ」、そして最近は「ボローニャ」に移りましたが、ボローニャに移ってからは好調のようです。このボローニャという町は大変に美しい町です。11、2世紀からの古い建物とポルティコの続く町並みが完璧に保存されています。私はボローニャの町の真ん中にマンションを借りていたのですが、それが300年前の建物です。でもボローニャの町の中では特に古い方じゃない。新しいということもないが中ぐらいです。

ポルティコ

町のシンボルである二つの塔の脇の路地を入ると、リトグラフの印刷工房、その隣のお花屋さんの横に陶芸工房が並び、すぐ近所には職人企業連合の伝統産業部門のリーダーを務める、私の友人マルコ・カーサグランデさんも彫金・宝石工房を構えている。煉瓦造りの古い家並みの中に、今でも多様な職人工房が溶け込むように存在していることがわかります。

一方、壁の外に広がる住宅地と周辺の農村との境界部にはハイテクの職人工房や中小の工場群が展開している。これらの職人企業群は産業クラスターを形成していることが多い。イタリアの産業クラスターの特徴は、インテリアやファッション製品、自動車や工作機械などの特定分野の職人企業が地域的に集積し、独自の技術をもって互いに水平的ネットワークを組んで多品種少量のものつくりをしており、そのネットワークを地方政府や研究機関が効果的に支援しています。

マルコさんの職人工房

「職人企業連合」の存在

つまり、この町の経済の主役は職人を中心にした中小企業なのです。商工会議所の会頭さんに会いました。普通、例えば日本ではその町の商工会議所の会頭といったら、一番大きな百貨店の経営者とか、商店街の顔役とか、たいがい大きなお店を持っている人に決まっているわけですが、ボローニャでは「職人企業連合」というマイクロ企業が集まった連合体から会頭が出ています。

イタリアには「職人企業」という一風変わった概念の言葉がある。イタリア語で職人というのはアルティジャーノ、フランス語ではアルティザンです。熟練した技を持っている人達のことを「職人」というのですが、そういう職人たちが集まって小さな企業を構成している場合に「職人企業」と特別に呼ぶのです。

イタリアの法律では、見習いの人も含め経営者自らも働いている22名までのサイズの企業を「職人企業」と呼びます。その「職人企業」が集まって連合体を作っておりまして「職人企業連合」といっています。これは全国的に大体3つぐらいの組織になっていて、各地に支部があります。

ボローニャの商工会議所のリーダーが「職人企業」から出ているということは、州の政策、あるいは市の産業政策はまず商工会議所を中心に、小さな企業をどうやっても り立てるかということに基本が置かれているということです。これは日本と全く違う構造になっている。

その「職人企業」はファッションだとかインテリアだとか消費材の企業にとどまらず、例えばボローニャですと、機械産業やハイテクの分野でもあります。ボローニャ周辺では「フェラーリ」というスポーツカーですとか、オートバイですと「ドゥカーチ」という、マニアの垂涎のメーカーがあります。バーコードの開発をした会社とか、世界中のティーバックを作るマシーンを作っている会社とか、いろんなエンジニアリングの会社がある。更にそういう会社の部品を作って供給しているのはほとんどが「職人企業」です。さらには「伝統工芸」へと、あらゆる分野に広がっている。そこで働く職人は特定の分野における専門的な能力、熟練を持っていて、仕事に誇りを持っているのです。

イタリアでは「仕事」という言葉には特別な意味があるのです。ラテン語で「オペラ」は「仕事」の意味です。コーオペレーションという言葉は一緒に仕事をするからコー、オペレーションなのです。日本人はオペラというのはオペラハウスで鑑賞するものだと思っている人が多いのですが、オペラという言葉はもともと「仕事」あるいは仕事の結果作られた「作品」という意味です。「オペラ・リリーカ」というのがオペラハウスで演じられる音楽作品です。つまり職人が生き生きと仕事ができることと、それが日本で観るオペラのような素晴らしい作品を生み出すことが一体になっているのです。そういう響きのある言葉が、この町には生きている。

しかも、小さな企業が集まって専門分野でそれぞれ生き生きした仕事をする。その結果、国際的に評価されるような品物ができて、競争力が強くなって経済が発展する。こういう非常に夢物語のような、それこそ井上ひさしさんの作品『吉里吉里人』の中に出てくる東北の山の中にある小さな吉里吉里国のように、小さなものが集まってネットワークを組んで仕事をして、それで世界経済の中でリーダーになる。すべての分野でリーダーというわけではないが、特定の分野の仕事で評価される。

ネットワーク化を目指す中小企業　―グローバル競争への対応

大量生産が行き詰まった後の、物づくりあるいは経済システムはネットワーク型企業で専門分野に熟練した職人が文字通りオペラによっていい品物を作っていくというい き方です。これが高品質の経済あるいは知識経済の時代の物づくりなのです。これによってボローニャは世界的な注目を集めている。

よく見ると、例えばエミリア・ロマーニャ州は400万人ぐらいの人口ですが、この中でボローニャが40万人、お隣のモデナが20万人、その隣のパルマもそれぐらいです。この中規模から小規模の都市が周辺の農村とよい関係をつくってバランスの取れた経済を形成している。

例えば、パルマには有名な「パルミジャーノ・レッジャーノ」という一抱え2キロぐらいの大きなチーズがある。これはイタリアで一番品質の良いチーズだと言われている。指定された地域で飼われた牛の原乳を使って伝統製法で作られたチーズのみが産地のブランドとして指定を受け、産地指定を受けることがパルミジャーノ・レッジャーノという品質証明になって、一定の高い値段で売れるブランド価値を維持するシステムになっているわけです。

モデナの方に行きますと、イタリア料理やフランス料理の隠し味で有名な「バルサミコス酢」があります。これはブドウから作った黒酢で、モデナの特産品になっている。フィレンツェのトスカーナの斜面のキャンティという地域でとれたぶどうから作る高級ワインは「キャンティ・クラシコ」という名前で品質証明されます。このように、産地のブランドをきちんと守るシステムができております。

こうした場合も製造業者の多くは産地ごとに集まって「産地証明」を作るための組織をつくっている。これを「コンソルチオ」、日本語で言うとコンソーシアムということになりますが、そういう連合体を作って「産地証明」をしてブランドを守っていくやり方をしております。

このネットワーク型の小企業が集まることによって農業と製造業、あるいはハイテク産業のバランスが地域を単位に上手く形成されている。このような状態、都市と周辺の町が旨くバランスをとっている地域を「エミリアンモデル」と呼んでいます。

ヨーロッパでは今、「国家」というものは次第になくなりつつあると言われています。例えば通貨もユーロが導入されることになって、フランとかリラとかマルクとかが消え、いずれイギリスのポンドもなくなっていくのです。これは通貨主権に象徴される国家主権が稀薄になっていくことと同じですが、それに代わって都市や地域が産業や文化や様々な政策の主体になって来るという現象が生まれています。その時に、都市と農村、都市と都市との関係がこの地域では中小企業をベースにした中規模都市となり、その中規模都市同士がネットワークをしていく形です。

この現象は協同組合運動の発展と無関係ではないわけです。イタリア、フランス、あるいはスペインでは協同組合が非常に発展をしております。職人企業は協同組合ではないのですが、「職人企業連合」の中に協同組合の要素も持っております。

3　ボローニャ2000と「文化協同組合」

演劇協同組合

最近、ボローニャの協同組合で注目をされているのが、「生産協同組合」よりも「社会協同組合」とか「文化協同組合」といった分野です。

ボローニャという町は都市景観が美しい、それから中小企業の活力があるというだけではなくて、文化的にも非常に多様性があり、素晴らしい都市文化を誇っております。

ヨーロッパの都市は１９８５年から「ヨーロッパ文化都市」というイベントを毎年やってきま

して、EU全体で一つの都市を選んで通年の文化イベントを展開していたのですが、この「ヨーロッパ文化都市」の実績によって文化による都市再生事業が定着してきました。2000年のミレニアムの年には、EUが特別に、ヘルシンキ、ブラッセルなど9つの都市を選びました。その中にボローニャも選ばれ、実質1年半ぐらい様々な文化イベントを展開しました。この時に、ボローニャにある各種の文化協同組合が大きな力を発揮しました。

ウンベルト・エーコという推理作家をご存じですか。映画の好きな方はショーン・コネリー主演の「バラの名前」という名画を観たことがあるかもしれません。あの原作者です。哲学に造詣の深い方は記号論哲学の大家というとお分かりかもしれません。ウンベルト・エーコというのはヨーロッパの文学、哲学界のスーパースターの一人です。彼がボローニャ大学の教授で、「ボローニャ2000」の顧問をしていました。この年は、毎日のようにたくさんの様々なイベントがこの40万人の町で繰り広げられました。

古典的なオペラから前衛的な芸術まで様々なものが行われました。私が一番感心したのは、これは井上ひさしさんが、なぜボローニャに注目したのかにも関わりますが、「ヌォーヴァ・シエナ」という実にユニークな劇団がある。英語で言うと「ニュー・シーン」とでも訳すのでしょうか。学生演劇あがりの人達とダリオ・フォによって1970年代ぐらいから始まります。ダリオ・フォはイタリア演劇界のスーパースターで、97年にノーベル文学賞を受けたイタリア最大の喜劇作家であり、劇団のリーダーであり、主演俳優でもあるのですが、そういう人々がボローニャの「演劇協同組合」の創始者の一人であるということです。

以前の私の知識では協同組合運動というのは「農業協同組合」とか「生活協同組合」とか「建設業協同組合」とか、もともと大企業になりにくい分野の生産者あるいは従業員が集まって作った生活と仕事を守るための組織だろうと思っていたのです。それがなぜ演劇の分野まで協同組合でなければならないのか、実に不思議だったわけです。

このあたりがイタリア的なところでして、もともと日本でもそうですが、「前衛演劇」や「小劇場」をやろうという人達は、たいがい半失業状態である場合が多いです。企業に縛られたくない人達とか、自由に芸術的な志を貫こうとする人達が多いわけです。そういう人達が集まって安定的に仕事をするために、協同組合という組織を作り、その協同組合本部から援助を得ながら社会の中で新しい演劇活動を認知させ、それに必要な舞台とか公演の支援を行政から取り付けるという運動が起こってきました。

一方、ボローニャでは保存対象の宮殿や教会の古い建物が壊れてどうしようもない。そこでこれを再生する際に、これらを博物館的に復元するだけではおもしろくないので、それを現代の市民生活にとってプラスになるような形で復元していく事業が始まります。

半失業状態にあるような若い演劇好きのグループが発表の場がないと言っているのだったら、彼らに発表の場を与えてやれば良いだろうということになり、町の中の古い施設を次々に劇場に改造していったのです。一方で、安定した仕事がない演劇人や音楽家が協同組合を作ってそのような文化施設を利用することによって、安定的に経営されるようになります。一種の仕事おこしです。これが町並み保存と文化協同の動きが一体化してきたのです。実は「創造産業」のおこり方は、このような形が多いのです。最初から安定して経営できるようなことはあまりなくて、最初は行政の支援があったり、市民の寄付があったりしながらだんだんに有名になっていくのです。「ヌォーヴァ・シエナ」という劇団も今ではすっかり有名になりました。そうするとダリオ・フォは、そこを離れて自分で独立して新たに別の劇団を持つのですが、ベンチャービジネスのように次々と新しい劇団を作って、実験的運動を展開していくという流れが出てきます。

日本でも最近イタリアオペラがよく見られるようになりました。ボローニャのオペラハウスは300年ぐらいの歴史がありまして、ヴェルディとかロッシーニとかが活躍した由緒あるオペラハウスです。

大体、イタリアのオペラ公演のチケット価格をみますと、その8割近くは公費助成が入っています。ですから単純化すれば日本で5万円のチケットはイタリアでは5千円で買えることになります。本来のチケット価格の1割から2割を鑑賞者が負担するだけという非常に恵まれた芸術支援制度があるのです。

しかし、そういう伝統的な芸術だけでは現代のボローニャ市民は満足しない。次々に新しいジャンルの芸術を観たいと思っているわけです。そうすると、そういう新しいものは、最初はお金にならないわけです。実験的な興行はいつもそうです。実験的な興行に資金が廻るように応援するシステムとして機能するのが「文化協同組合」、「演劇協同組合」という仕組みなのです。

このように見ますと、産業政策を担当している方は、それはハイテク産業のインキュベーションと同じことだと考えられるかもしれません。実はハイテクも芸術も最初から成功して儲かると分かっているようなものは少ないのです。ハイテクでも当たるものは百分の一とか千分の一ぐらいです。ほとんどのベンチャーは潰れていってしまいます。しかしながら、そのようなベンチャーが次々に出てくるようなシステムにお金をかけないと社会は発展していかないので、ベンチャー支援を行うわけです。

日本ではベンチャー支援というのは、ハイテク産業のインキュベーターだけを考えています。しかしながら、イタリアとかヨーロッパで見ますと、芸術文化の領域では「創造産業」というものが発展するのです。したがって、イタリアの文化協同組合は「創造産業のインキュベーター」として機能しているわけです。

この「文化協同組合」に行政が建物の再生保存をしながら劇場として使わせることで、今、「ヌォーヴァ・シエナ」という劇団は約１００名の雇用を創出し、ボローニャの中で「太陽宮殿」と言われている大ホールと小ホールを２つ持つ立派な施設を3年契約か6年契約で市から委託されて経営費のほぼ３割の補助を受けながら仕事をしております。

こういう文化支援システムが町の文化性を高める。文化性の高い町には創造的な人達が集まってきて、その人達が新たなる産業を興す。

このように「知識経済」時代の都市の発展はクリエイティブな人がどれだけその町に集まってくるか、あるいは職人達がどれだけクリエイティブな「オペラ」をするかということが重要なのです。そういう意味でいくと町を美しく綺麗に芸術的にして、「創造の場」を多様につくり出していくということが、創造的な人物を育てて、彼等が才能を発揮して、小さいけれどもいい仕事をして評価される。こうしたシステムをこの町は作り出しているのです。

4　ダイナミックな「社会的協同組合」の台頭

クリエイティブに過ごすというのは、当然ですが、障害を持った人でも老人でも、すべての人がクリエイティブに生きるということです。ヨーロッパの「創造都市」というのはアーティストだとか職人がクリエイティブであるだけにとどまらず、ホームレスや移民労働者などすべての人々がクリエイティブであるべきだという福祉国家の考え方が根強いのです。

イタリアは年金制度も含めて社会福祉制度は非常に充実していました。むしろ逆に言うとイタリアの場合、国家財政の危機は福祉財政危機の問題であって、全体として経済停滞の続く中で、福祉財源を拡充することは非常な困難に直面しました。そのため、公的セクターとして福祉部門を拡大することができない状態が７０年代、８０年代にだんだん深刻になっていきます。

そういう時代に「新しいタイプの協同組合」というものが福祉や医療、教育の分野で活動を始めるのです。そして90年代になりますとこれらの分野で始まった協同組合運動を「社会的協同組合」という概念でひとくくりにして、法律で定義をして、それに対する必要な支援をする方向に変わってきております。公的セクターでも民間セクターでもない、協同セクターが拡充されて「福祉国家」の衰退を補い始めます。こうした方向を「分権的福祉社会」と呼んでおります。

70、80年代には福祉は公的セクターで全部やらなくてはいけないと考えられたわけです。権利として確立された以上そうなるという前提ではあったものの、やはり財政危機を前にして、すべてのものが公的に供給できないことになった。そうすると日本では、介護保険もそうですが、いきなり民営化させるという議論になる。しかし、ヨーロッパの場合は、そんなに単純ではなくて、協同組合や共同セクターという社会経済の領域に福祉サービス供給の担い手になってもらおうという動きが広がっていきます。

社会的協同組合の2つのタイプ

ボローニャの場合は、イタリアにおける「社会協同組合」という運動の先駆けを作り出してきたのです。この運動は７０年代半ばぐらいから起こってくるわけです。

社会協同組合にはＡタイプとＢタイプの２つがあります。Ａタイプは、社会、保険、教育サービスを運営することを事業目的とする協同組合です。それに対してＢタイプは、障害を持った人達の勤労する権利を保障する目的を持った協同組合です。このタイプは業種が多様です。実際はこのＡタイプとＢタイプどちらも混在している場合が多い。

ボローニャで私が調べた中で非常におもしろかったのは、「CADIAIカディアイ」という名前の組合員２９０人、従業員４６０人の大きな社会協同組合です。これは７０年代に２７人の女性だけで立ち上げた協同組合です。当時ウーマンリブの運動が花盛りで、大変戦闘的な女性たちが集まって「家内労働がインフォーマルのアンペイドワーク＝不払いの仕事というのはけしからん」という主張をもとに、女性が家の中で育児や介護労働をするということを社会的に認知させるとい

社会的協同組合が経営する農場

う目的で始めたのです。そのグループが協同組合という組織を使いながら行政からの委託事業を発展させ実績を積んでいくことで、ボローニャの一番大きな社会的協同組合になっていくわけです。

Bタイプは、障害者を中心にした協同組合です。私が印象に残っているのは、「COPAPSコーパップス」というグループです。障害を持っている人達が農作業を通じながらリハビリに取り組み、手に仕事をつける訓練を支援する協同組合です。とくに、自然と触れ合うことが人間性の回復に効果があるという考え方にもとづいて、農場を提供してもらって、お花を作ったり果樹を栽培したり、動物を飼ったり、いろいろな農作業をして、そこで出来た農産物を青空市場で販売して、周辺の市民がこれを買って支援するというやり方をしておりました。

農作業もできないほど障害の程度の重い人達のためには、農場からちょっと離れた見晴らしのいい丘の上で古い農家を利用したレストランを経営して、彼らに昼食を食べにきてもらい、動物や自然と触れ合う時間を過ごしてもらうわけです。さらにウイークエンドはそのレストランと休憩施設をアグリツーリズムに使う。イタリア語では「農村観光」のことを「アグリツーリズモ」と言います。都市の市民が近郊の農村で週末に終日ゆったり過ごすというわけです。

このように障害者の雇用を作り出し、アグリツーリズモによって都市と郊外の農村が交流するやり方も社会的協同組合が切り開いた新しい実験です。

日本では、最近、ＮＰＯなどの共同セクターの運動もすこしずつ広がりつつありますが、従来は「公」と「私」という２つのセクターでしかものを考えられていなかったのに比べますと、ボローニャのモデルは小企業ネットワークであったり協同組合運動であったり多様です。様々な分野で人々が創造的に仕事をしたり、創造的に社会システムを開発してそれを制度化していったりしています。このような都市のシステム全体が、私が「創造都市」と呼んでいる所以です。

以上をまとめると「創造都市とは市民の創造活動の自由な発揮に基づいて、文化と産業における創造性に富み、同時に、脱大量生産の革新的で柔軟な都市経済システムを備え、グローバルな環境問題や、あるいはローカルな地域社会の課題に対して、創造的問題解決を行えるような『創造の場』に富んだ都市である」といえましょう。

5　地区住民評議会と近隣政府

近隣政府論

人々の自発性を引き出して、職人企業や協同組合と地域との関係性を良好に維持することは何と言っても、行政の責任です。

近年、日本では自治体合併論が花盛りですが、その反面、世界的潮流を見ますと「近隣政府論」というのがあります。「近隣政府論」というのは、例えばボローニャのようなケースでいきますと、60年代に地区住民評議会というのができます。これは工場評議会運動の名残ですが、市議会や市の行政全般ではなかなか反映できないような地元の小さな問題については地区評議会が市から権限を譲与されて、地区のレベルで議論して、予算も持ってその地区を運営していこうという考え方です。

ボローニャの人口は40万人ぐらいですが、最初は、18の地区評議会が作られて、今では9つになっていますが、この地区はそれぞれ議会を持っております。そして議員は選挙で選ばれ、報酬はないのですが、非常に熱心に地域の文化だとか福祉だとか、生活全体にかかわる問題を討論して決めています。

地区には小さなホール、保育所、図書館、老人ホームがあり、こういうものを社会協同組合が運営したり、あるいはそのホールで文化協同組合が演劇などの公演をする。こういう草の根からの住民参加方式が実現しています。

この地区住民評議会方式は、最初はボローニャのいわばその町独自のシステムとして運動論的に出てきたのですが、全国的な制度として定着します。定着をしますと、その地区住民評議会について「近隣政府」のようなものを採用するかしないかは、それぞれの町が決定すればいいということになります。

私が「創造都市」ということで幾つかの都市を調べていくと、ほとんどが例外なく近隣政府というシステムを入れているのです。例えば、バルセロナとかバーミンガムは「創造都市」として私は評価しておりますが、ボローニャよりもちょっと大きい人口90万とか100万という大都市になれば、札幌市もそうですれども、区が「近隣政府」として予算と議会を持って地域住民の意志決定をより生活に近いところで行うことが必要になっていると思われます。この「近隣政府」を中心に草の根から協同組合だとか職人企業との連携、ネットワークが出てきているように思います。

共同セクターの広がり

ロバート・パットナムというアメリカの政治学者が『メイキング・デモクラシー・ワーク』という本を書きました。日本では『哲学する民主主義』という題名の本になって評判になっています。

彼はこの本の中で、イタリアの70年代に、州政府が導入されて以降のエミリア・ロマーニャ州と南部の州を比較して、エミリア・ロマーニャ州はソーシャル・キャピタルの蓄積が大きいと言うのです。ソーシャル・キャピタルとは私がこれまで説明してきた文化や福祉の協同組合だとか、中小企業を支えるネットワーク組織だとかのことで「社会関係資本」という訳語をあてるのが適当ですが、今日本では大はやりで、ソーシャル・キャピタルという言葉を使うと、分かったような気になってしまうのですが、実はソーシャル・キャピタルという言葉だけで説明がつくようなことではなくて、文字通り「創造都市」の「産業システム」であり「福祉システム」、「分権的システム」、「文化システム」のトータルシステムが南部の地域よりも高い住民の民主主義を実現し、効率的な行政のパフォーマンスを実現するということになっているわけです。

当然ながらこのような形で財政危機を克服することにもなります。つまり「公共セクター」が住民ニーズに対応して次々と拡大し続けることには財政的に限界があるので、必ず「民間セクター」と「公的セクター」以外に「共同セクター」が広がっていくわけです。その共同セクターの担い手がイタリアの場合、この「協同組合」であり、「職人企業」のネットワークを作っているような「職人企業連合」という非営利組織なのです。

このボローニャの活力が、エミリア・ロマーニャ州を非常に注目される州にしたわけです。

そこで「自治体合併論」との関係で少し議論をしておきますと、実は、イタリアの場合、政府は、中央政府とその下請け機関としての県＝プロビンチャ、それから自治体＝コムーネの三層であったわけです。ところが、第二次大戦後のイタリア憲法の中に州政府を置く規定ができたのです。しかし、州政府＝レジョーネの選挙規定がなかったので、70年になって初めて選挙規定ができて、州政府が「県」の上におかれるようになる。それ以来、県は国の下請け的仕事が多いので地方制度の中で宙ぶらりんになっています。

ボローニャで今構想されているのは、この県をボローニャ都市圏に格上げして、人口90万人ぐらいにするという制度改革論です。ただ、この時にコムーネの下にありました地区評議会を新たに新しいコムーネとして格上げして完全な自治権を与える。つまり広域的なものと狭域的な自治の単位の組み合わせの方向へ向けて、構想されているわけです。

これはイタリアのことですから、日本のように2年後までにやらないと特例措置を受けられませんよというような「けち」なことはなくて、結論が出るまで議論は果てしなく続くのです。行ったり来たりしながらより良い方法を探すというわけです。

日本に話を戻しますと、私は合併論というのは結婚と同じですから、「相思相愛」でなければいけないと思います。そうでないのに親＝国が持参金を高くしてやるから何時までに結婚しろというのは土台無理があると思っています。こんなことをやるのはやはり後進国です。成熟した国とはとても思えない。イタリアは、今述べた形で変わってきておりまして、州政府というもののパフォーマンスにパットナムは焦点を合わせたけれども、実はこれは、ボローニャならボローニャという一つのトータルな地域のシステムがあって初めて、全面的に説明できるものだろうと考えるわけです。

Ⅲ　創造都市をどう作るか

「金沢の町並み」

1　創造都市の金沢モデル

イタリアの創造都市については理解できるけれども日本での可能性はどうなのか?という質問をしばしば受けます。それに対して、私は、日本の創造都市は金沢ではないかという仮説を持っています。金沢という町は従来「内発的発展」の代表的な都市であると言われてきました。私もそれに違いないと考えています。しかし、金沢という町は、より広く世界的な新しい都市の在り方の中でどのようなポジションにあるのだろうかということを考えてみたいと思います。

金沢は人口45万人の中規模都市で、伝統的な町並みがあり、伝統的な職人の技があり、金沢とボローニャはよく似ているのです。繊維産業から始まって機械産業に発展していきながら、ハイテク産業が出てくるという産業発展の形態もよく似ている。ボローニャと金沢を比較しながら何か金沢論というものも新しいレベルで考えられないか、あるいは金沢のこれからの発展にヒントになるようなことはないだろうかということで、２つの町の比較研究を始めたわけです。

これが一応私の創造都市論の骨格になっていて、「ボローニャ・金沢モデル」と勝手に言っているのですが、最近結構売れるようになりまして、２００３年の日本都市学会でこの本、『創造都市への挑戦』が学会賞をいただくことになりました。

「外来型開発」の失敗と「内発的発展」

従来、金沢という町は「内発的発展」という地域発展モデルの地方都市の中での代表格であると言われてきました。「内発的発展」というのは、私の先輩にあたります宮本憲一先生が提唱された地域発展モデルです。

これまでは、国から地方に補助金を与えて、大企業を誘致したり、大きな公共事業を行って中央政府依存型の地域に変えてきた。これは「外来型開発」といって、外部から地域に成長の拠点を置いて発展させようという考え方ですが、地域の自発性は萎えてしまって、ことごとく失敗するのです。

そして今や、公共事業をやるにも予算がないということでもあるし、企業を誘致するといっても大企業が多国籍化して海外へ行ってしまってドンドン空洞化していく時代に、大きな競争力のある企業を新たに誘致するなんていうことは土台無理なのです。だから政府もいつの間にか「外来型開発」をしてきたということの反省をやらないで、「内発的発展」にすり寄ってきております。

中央政府は過去の政策の失敗を何も反省しておりません。最近は地域のレベルでも、例えば行政改革で話題の多い三重県でも内発的発展ということを本格的にやりたいというので、議会も行政も今勉強を始めているところです。

従来はアカデミズムの学会の中で、「内発的発展なんてそんなロマンティックな議論は駄目だ」と、散々に言われていました。「創造都市」なんて言うと、「そんな神秘的なことでは駄目だ、創造性と都市なんて関係ない」と今でも言われていますが。経済学ではもっと地道に産業の現状はどうなっていて、農業はどうなってと、現状分析からしっかりやるべきだという批判ですが、どうもそれだけではないだろうと、農村だって「創造的農村」があり、都市にも創造性があるという話が俄かに注目をされるようになって参りました。

金沢の町のキーワード

では、日本の場合に創造都市はどうなのか。私は15年間、金沢大学に在籍していたということもありますが、やはり金沢のまちは「創造都市」として独自の歩みをしているのではないかと思います。ボローニャのケースで、ヒューマンスケールのまちで伝統的街並みと職人的経済があると申しましたが、日本のボローニャは金沢だと私は思っています。かなり崩れてきたとはいえ、戦災にあわなかったということもあって京都と金沢の都市景観の美しさは日本の中では格別に高いものがあります。伝統工芸も京都に次いで金沢に多くのものが残っています。そういうものをベースにして、高度成長はしませんがゆったりとした経済発展をしています。つい最近までは文化を保存す

金沢市民芸術村

るところにウエイトがあったのですが、保存から創造へと移ってきています。写真の赤レンガの建物は、紡績工場の倉庫を市民芸術村に変えたものです。この建物は24時間、市民の文化団体が自由に使うことができる施設として96年の設立当時から、おそらく現在まで日本で唯一のものだろうと思います。また、2001年から「金沢創造都市会議」というものを始め、創造都市を市民と経済界でつくろうという運動を起こしました。

最近は横浜市などで、市長が「クリエイティブシティ・ヨコハマ」という構想を発表して、2004年4月には、庁内に「創造都市推進課」が設立されるなど「創造都市」を都市戦略の目標として取り上げるところが出てきていますが、金沢の場合は行政より早く市民団体と経済界が創造都市を目標にすることを始めました。金沢の都市景観保全は景観が壊されようとしたことがきっかけとなっています。

創造都市というのは都市の危機があって、そこからどうするか、みんなで知恵を出したときに急激に変わってくることがあります。金沢の場合、伝統的景観が残っているところにマンションが建ち並ぶ現象が出てきました。バブルの時代に古い街並みが高層マンション群に変わろうとしたことがあり、それに対して市民から反対運動が起き、浅野川という泉鏡花の文学の舞台になった川があるのですが、川の周辺にある老舗の主人たちが泉鏡花のロマンをテーマにした「老舗・

文学・ロマンの会」という会を立ち上げました。4月、浅野川の桜のシーズンに園遊会を開き、周辺の伝統的芸能や茶屋街の芸妓さんたちの芸能を楽しむ活動をしています。そうして、これだけ美しい川や景観を大事にしなくちゃいけないからマンション建設は反対だという運動をおこしたのです。ここが金沢市民の知恵のあるところで、デモや抗議集会をやるような反対運動ではなくて、文化的な装いをもって都市景観を壊す動きに対抗していきました。つまりソフトパワーです。これが相手に「参った」と言わせる決め手となったわけです。そして、都市景観保全にかけては先進的な条例ができました。

もともと1968年に伝統環境保存条例が全国に先駆けてできていましたが、さきほど紹介したような景観保全の運動が起こってからは、美しい景観の形成に関する条例が89年にでき、厳しく実効力のあるものになりました。いろいろな事例があるのですが、街並みといっても小さい街並み、例えば「こまちなみ」を保全する、犀川と浅野川の河岸段丘にある緑地を保全する、街中をくまなく流れる用水を美しくするなど数え上げるときりがないほど金沢市は独自の条例をもっています。都市独自の創造的な条例をつくってまちの美しさを保っていると言えます。

金沢のそうしたまちづくりの方向は、金沢経済が内発的発展、つまり地域の資源や技術、人材をベースにゆっくりと発展するタイプであることと関係していると思います。小さいけれども企

文化資本を活かした金沢産業の新展開

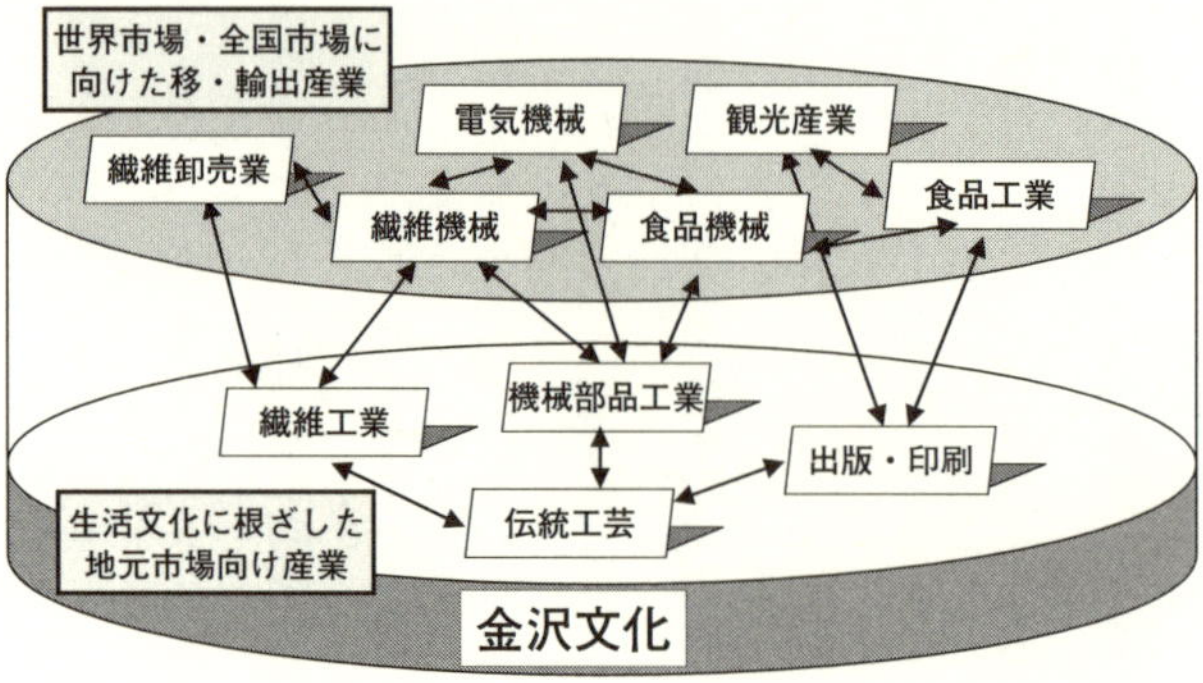

業本社が金沢にある「本社経済」であるということも特徴的です。福岡や札幌、仙台など大企業の支店がある「支社経済都市」とは大分違っていて、地域の中の産業連関を高めたり、生活文化ストックとして文化資本がゆっくり蓄積することを促進します。ですから経済と文化とのバランスがうまくいくということです。上の図は金沢経済の構造と文化との関係を描いたものですが、金沢経済のインフラは文化です。

最近まで、都市の経済のインフラは空港であったり、道路であったり、港である、つまり物的なものであると考えられてきました。しかし、これからの都市経済は知識情報経済であり、文化経済であるわけで、都市経済のインフラは文化ではないかと考えられます。文化資本の厚みのあるところ、例えばファッション文化や食文化、学術文化があるところにその関連でいろいろな産業が発展してくるのです。金沢の場合、加賀百万石の時代に藩主が工芸的生産を奨励します。そして伝統工芸がたくさん出てきました。高度成長の時期に近代的大量生産が全国各地で導入されましたが、この時代、金沢はあまりうまく適応することができませんでした。しかし、時代が変わって高付加価値型の文化的生産の時代になりますと、文化資本の集積を生かした経済の発展という方向に移っていきます。

例えば古い伝統工芸が新しい産業の土台になることがあります。金箔の技術がテレホンカードになったりCD表面のデザインになったりといった具合に変わっていくわけです。それから、新しい文化創造への取り組みとして、先ほど述べた市民芸術村をつくり、ここで市民が日常的に芸術に携わるだけでなく「世界工芸都市会議」というのを開き、イタリアのボローニャの職人さんたちと交流しながらものづくりを見直していくなど、ものづくりと芸能・芸術との距離を近づける場になっています。金沢市は世界都市構想というのを出したのですが、ニューヨークやロンドンのような世界都市ではなくて、「地球的な規模で、小さくても自らを主張する独特の輝きを持つ都市」という独自の定義をしました。経済界と市民はそんなまどろっこしいことを言わないで「金沢創造都市」としようじゃないか、ということで「金沢創造都市会議」を始めました。

2001年にその第1回が開かれ、「記憶に学ぶ」をテーマに都市としての金沢の歴史・伝統を振り返り、「都市の記憶と人間の創造力」について考察を行いました。そして、その際立った都市の個性を新世紀に引継ぎ、さらに洗練させる目的で「金沢学会」の設立が提唱されます。2002年にはそれを受けて第1回金沢学会が開かれます。「美しい金沢」を理念とする都市再生プランが提案され、その社会実験を検証する場として創造都市会議と交互に10年間継続することが確認されました。

2003年の第2回のテーマは「都心居住と創造都市」です。従来の開発型都市政策が郊外化と職住分離を進め都心居住を衰退させたとの認識のもとで、空洞化した都心のオフィスビルの用途転換（コンバージョン）や文化施設を中心とした都心の賑わいの復活など、ハードとソフトの両面から都市再生の方策を探りました。会議とあわせて金沢らしいライトアップや中心市街地でのオープンカフェなどの社会実験の模様がワークショップで報告されました。全国の都市研究者や文化人が駆けつけ、地元からは経済人や市民、そして行政関係者らが参加して討論に加わり、創造都市をめざした社会実験を続けるユニークな試みといえます。

2　「知識」を力に変える　―未来型社会システム＝「大学」

地域の学校システム　―人材養成

さて、「第三のイタリア」ではいずれの都市もそこにある産業や生活と密着した人材養成の学校が非常に良くできています。大体、職人企業の一番ネックになるのは人材をどうやって養成するかということです。大企業は社内で養成する能力があるけれども小企業はそれができないので、地域の学校システムがそれを担うわけです。

もともと学校というのはどうやって出来てきたかといえば。例えば、ラテン語でウニベルシタスが「大学」の語源です。ウニベルシタス・ボローニャというのが世界で最初に作られた大学です。ボローニャで1088年頃にできたと言われています。創立年が諸説あってはっきりしないのはこの大学というのは学生たちが作った組織だったからなのです。

大学の発生史を考えるときに、一番驚くのは、国がリーダーシップをとって優秀な先生を集めて作ったのが戦前の日本の帝国大学ですが、それに対して人々が自分たちの生活、あるいは自分たちの産業を発展させるための学問を必要として、教師を呼んできて、そこから大学が発生している。ウニベルシタスというのはギルドの一種です。当時は中世ですからギルド社会です。ギルドというのは何らかのものを作る同業者の集まりなのですが、もっと普遍的な意味のギルド、これがウニベルシタスです。学生たちが学長を選んだり、学頭を選んだり、学生のリーダーが先生と契約を結んで優秀な先生を連れてきて勉強するというシステムがボローニャから始まって次第にイタリアのパドヴァとか次々に発展してパリ大学までできたのです。

フランスは中央集権国家ですから、パリ大学は教授の組織が先に出来て、そこに学生が集められる。大学というのはだから2つの種類がある。市民の間から出てきた大学と国が必要に応じて権威づけるための学問を学ぶというところとがあるのです。

ボローニャ大学は大変ユニークな自発性の高い大学です。ボローニャの繊維産業が衰退した時期、約160年前にボローニャ大学の先生たちが私財をはたいて工業専門学校を作って近代工業を発展させようとするのです。それが現在ボローニャにあるアルディーニ・バレリアーニという名前の工業高校です。それが次第に国立になっていくのです。

北海道でも開拓の初めの頃は国家的要請で置かれた大学もあれば、逆に酪農などを勉強するための技術を導入するための大学として民間から出てきたものもありました。社会が必要とする時に自発的に作られてくる教育施設がその町の文化、その町に必要な学問を育てていくことになります。

ボローニャ大学本部

私がボローニャの先生と交流していて非常に感動するのは、ボローニャの中小企業のネットワーク型経済のあり方は、アメリカの大量生産システムの次にくる未来型の経済のあり方だという論理を自分たちでオリジナルに作って、地元の経済人たちにそれを説き、その誇りにさせて、見事にアメリカと競争しながら世界市場で頑張っている。つまり「知識」を力に変えるオリジナルな学問を開発してそれで地域を引っ張っていくのです。

こういうことができる大学が今日本の再生に求められている社会システムの一つではないかと思っているのです。

地域再生のための学問を

実は、戦前、大阪は東京よりも大きな都市で、東京が直面するよりも早く、公害問題とか様々な新しい都市問題に直面していたのです。そういう都市問題を解決するための学問をする場所として「帝国大学のコピーでない大学」を創りたいというのが当時の市長、関一の思いだったのです。それで今、私がお世話になっている大阪市立大学が創立されたのです。

最初は地域や都市の問題を総合的に研究して、その研究成果で新しい都市政策を作り出して、都市を絶えず進化させていく、だから市民にも開かれていたユニークな大学だったのです。

残念ながらいまではその個性が薄らいでしまい、全国的な大学のランク付けの中で次第に上がったり下がったりしていくということで、起死回生の策として「建学の精神」にもう一度戻って、「地域再生のための学問」をやれないかということで大学院創造都市研究科がこの4月に創設されたわけです。

私はすべての大学がそうでなければならないとは思いません。しかし、少なくとも地域の問題について科学的にメスを入れて、例えば北海道経済がなぜ公共事業依存型から脱却できないのかという問題の根本的あり方にメスを入れ、新しい北海道型のモデルを、小さいモデルでもいいからそのような町や村を研究して、そこから普遍的な原理を見いだして、それを広めて勇気づけていくという学問が北海道の大学の中で行われてくるということが私の理想なのです。

少なくともボローニャにはそういうシステムがある。金沢もそこまではいかないけれどもやはり、工芸というものを持っているということで、早くから美術工芸大学を金沢市立で設立した。戦前は工業高校という形で、戦後は金沢市立の美術工芸大学が地元の産業の発展に貢献し、あるいは金沢大学のように社会の在り方を考えるような大学がある。そういう研究教育システムがあるということは学ぶ側からするとすごく勇気づけられることだろうと思います。

今、日本の社会あるいは地域を、どうしたら再生できるのか。皆ふつふつと思っているわけです。そう思っている人達が一堂に会して、専門的な学問や世界的な潮流を踏まえながらそれぞれの地域を分析して、その発展の方向を科学的に検討し、少なくとも北海道という地域社会の社会経済システムが持っている問題性を総合的に分析し、あるべき処方箋を考えていく。これこそ求められているものだろうと考えます。

もともと経済学という学問は、「社会の医者」を育てる学問だったのです。個々人がどれだけ儲けるかという話や企業がどれだけ伸びるかよりもっと重要な問題があるわけです。やはり一番大事なのはその社会が直面している病気の種類が何であって、どのようにしたらその病気から立ち直って本来の生命体が持っている活力を創造的に引き出せるかについて研究していくのが経済学の使命だろうと思っているわけです。

そのような「都市の生命経済学」を地域に密着しながら進めていくことについても、ボローニャというまちから大いに学ばせてもらっているし、そのような学問を日本の社会の中でも広めていくということに意味があると考えている次第です。

（本稿は二〇〇三年十月一八日、北海学園大学三号館四一番教室で開催された地方自治土曜講座の講義記録に補筆したものです。）

著者紹介

佐々木雅幸（ささき・まさゆき）

大阪市立大学大学院創造都市研究科教授

一九四九年生まれ。京都大学経済学部卒業。京都大学大学院経済学研究科博士課程修了。一九八五年金沢大学経済学部助教授、同教授を経て、二〇〇〇年立命館大学政策科学部教授、二〇〇三年大阪市立大学大学院創造都市研究科教授、現在に至る。

主な著書『創造都市への挑戦』（岩波書店・二〇〇一年）二〇〇三年度日本都市学会賞を受賞。『創造都市の経済学』（勁草書房・一九九七年）。『都市と農村の内発的発展』（自治体研究社・一九九四年）。『現代北陸地域経済論』（金沢大学経済学部研究叢書・一九九二年）。等多数。

刊行のことば

「時代の転換期には学習熱が大いに高まる」といわれています。今から百年前、自由民権運動の時代、福島県の石陽館など全国各地にいわゆる学習結社がつくられ、国会開設運動へと向かう時代の大きな流れを形成しました。学習を通じて若者が既成のものの考え方やパラダイムを疑い、革新することで時代の転換が進んだのです。

そして今、全国各地の地域、自治体で、心の奥深いところから、何か勉強しなければならない、勉強する必要があるという意識が高まってきています。

北海道の百八十の町村、過疎が非常に進行していく町村の方々が、とかく絶望的になりがちな中で、自分たちの未来を見据えて、自分たちの町をどうつくり上げていくかを学ぼうと、この「地方自治土曜講座」を企画いたしました。

この講座は、当初の予想を大幅に超える三百数十名の自治体職員等が参加するという、学習への熱気の中で開かれています。この企画が自治体職員の心にこだまし、これだけの参加になった。これは、事件ではないか、時代の大きな改革の兆しが現実となりはじめた象徴的な出来事ではないかと思われます。

現在の日本国憲法は、自治体をローカル・ガバメントと規定しています。しかし、この五十年間、明治の時代と同じように行政システムや財政の流れは、中央に権力、権限を集中し、都道府県を通じて地方を支配、指導するという流れが続いておりました。まさに「憲法は変われど、行政の流れ変わらず」でした。しかし、今、時代は大きく転換しつつあります。そして時代転換を支える新しい理論、新しい「政府」概念、従来の中央、地方に替わる新しい政府間関係理論の構築が求められています。

この講座は知識を講師から習得する場ではありません。ものの見方、考え方を自分なりに受け止めてもらう。そして是非、自分自身で地域再生の自治体理論を獲得していただく、そのような機会になれば大変有り難いと思っています。

「地方自治土曜講座」実行委員長
北海道大学法学部教授　森　啓

（一九九五年六月三日「地方自治土曜講座」開講挨拶より）

地方自治土曜講座ブックレットNo. 96
創造都市と日本社会の再生

２００４年４月２０日　初版発行　　　定価（本体９００円＋税）
著　者　　佐々木雅幸
発行人　　武内　英晴
発行所　　公人の友社
〒112-0002　東京都文京区小石川５－２６－８
ＴＥＬ０３－３８１１－５７０１
ＦＡＸ０３－３８１１－５７９５
Ｅメール koujin@alpha.ocn.ne.jp
http://www.e-asu.com/koujin/

公人の友社のブックレット一覧

（04.4.20現在）
表示は本体価格

「地方自治土曜講座」ブックレット

《平成7年度》

No.1
現代自治の条件と課題
神原勝　900円

No.2
自治体の政策研究
森啓　600円

No.3
現代政治と地方分権
山口二郎　[品切れ]

No.4
行政手続と市民参加
畠山武道　[品切れ]

No.5
成熟型社会の地方自治像
間島正秀　500円

No.6
自治体法務とは何か
木佐茂男　[品切れ]

No.7
自治と参加アメリカの事例から
佐藤克廣　[品切れ]

No.8
政策開発の現場から
小林　勝彦・大石和也・川村喜芳
[品切れ]

《平成8年度》

No.9
まちづくり・国づくり
五十嵐広三・西尾六七　500円

No.10
自治体デモクラシーと政策形成
山口二郎　500円

No.11
自治体理論とは何か
森啓　600円

No.12
池田サマーセミナーから
間島正秀・福士明・田口晃　500円

No.13
憲法と地方自治
中村睦男・佐藤克廣　500円

No.14
まちづくりの現場から
斎藤外一・宮嶋望　500円

No.15
環境問題と当事者
畠山武道・相内俊一　[品切れ]

No.16
情報化時代とまちづくり
千葉純・笹谷幸一　[品切れ]

No.17
市民自治の制度開発
神原勝　500円

《平成9年度》

No.18
行政の文化化
森啓　600円

No.19
政策法学と条例
阿倍泰隆　[品切れ]

No.20
政策法務と自治体
岡田行雄　[品切れ]

No.21
分権時代の自治体経営
北良治・佐藤克廣・大久保尚孝
600円

No.22
地方分権推進委員会勧告と
これからの地方自治
西尾勝　500円

No.23
産業廃棄物と法
畠山武道　[品切れ]

No.25
自治体の施策原価と事業別予算
小口進一　600円

No.26
地方分権と地方財政
横山純一　[品切れ]

《平成10年度》

No.27
比較してみる地方自治
田口晃・山口二郎　[品切れ]

No.28
議会改革とまちづくり
森啓　400円

No.29
自治の課題とこれから
逢坂誠二　[品切れ]

No.30
内発的発展による地域産業の
振興
保母武彦　600円

No.31
地域の産業をどう育てるか
金井一頼　600円

No.32
金融改革と地方自治体
宮脇淳　600円

No.33
ローカルデモクラシーの統治能力
山口二郎　400円

No.34
政策立案過程への「戦略計画」手法の導入
佐藤克廣　500円

No.35
98サマーセミナーから「変革の時」の自治を考える
神原昭子・磯田憲一・大和田建太郎
600円

No.36
地方自治のシステム改革
辻山幸宣　400円

No.37
分権時代の政策法務
礒崎初仁　600円

No.38
地方分権と法解釈の自治
兼子仁　400円

No.39
市民的自治思想の基礎
今井弘道　500円

No.40
自治基本条例への展望
辻道雅宣　500円

No.41
少子高齢社会と自治体の福祉法務
加藤良重　400円

《平成11年度》

No.42
改革の主体は現場にあり
山田孝夫　900円

No.43
自治と分権の政治学
鳴海正泰　1,100円

No.44
公共政策と住民参加
宮本憲一　1,100円

No.45
農業を基軸としたまちづくり
小林康雄　800円

No.46
これからの北海道農業とまちづくり
篠田久雄　800円

No.47
自治の中に自治を求めて
佐藤　守　1,000円

No.48
介護保険は何を変えるのか
池田省三　1,100円

No.49
介護保険と広域連合
大西幸雄　1,000円

No.50
自治体職員の政策水準
森啓　1,100円

No.51
分権型社会と条例づくり
篠原　一　1,000円

No.52
自治体における政策評価の課題
佐藤克廣　1,000円

No.53
小さな町の議員と自治体
室崎正之　900円

No.55
改正地方自治法とアカウンタビリティ
鈴木庸夫　1,200円

No.56
財政運営と公会計制度
宮脇淳　1,100円

No.57
自治体職員の意識改革を如何にして進めるか
林嘉男　1,000円

《平成12年度》

No.59
環境自治体とISO
畠山武道　700円

No.60
転型期自治体の発想と手法
松下圭一　900円

No.61
分権の可能性
スコットランドと北海道
山口二郎　600円

No.62
機能重視型政策の分析過程と財務情報
宮脇淳　800円

No.63
自治体の広域連携
佐藤克廣　900円

No.64
分権時代における地域経営
見野全　700円

No.65
町村合併は住民自治の区域の変更である。
森啓　800円

No.66
自治体学のすすめ
田村明　900円

No.67
市民・行政・議会のパートナーシップを目指して
松山哲男　700円

No.69
新地方自治法と自治体の自立
井川博　900円

No.70
分権型社会の地方財政
神野直彦　1,000円

No.71
自然と共生した町づくり
宮崎県・綾町
森山喜代香　700円

No.72
情報共有と自治体改革
ニセコ町からの報告
片山健也　1,000円

《平成13年度》

No.73
地域民主主義の活性化と自治体改革
山口二郎　600円

No.74
分権は市民への権限委譲
上原公子　1,000円

No.75
今、なぜ合併か
瀬戸亀男　800円

No.76
市町村合併をめぐる状況分析
小西砂千夫　800円

No.78
ポスト公共事業社会と自治体政策
五十嵐敬喜　800円

No.80
自治体人事政策の改革
森啓　800円

《平成14年度》

No.82
地域通貨と地域自治
西部忠　900円

No.83
北海道経済の戦略と戦術
宮脇淳　800円

No.84
地域おこしを考える視点
矢作弘　700円

No.87
北海道行政基本条例論
神原勝　1,100円

No.90
「協働」の思想と体制
森啓　800円

No.91
協働のまちづくり
三鷹市の様々な取組みから
秋元政三　700円

《平成15年度》

No.92
シビル・ミニマム再考
ベンチマークとマニフェスト
松下圭一　900円

No.93
市町村合併の財政論
高木　健二　800円

No.94
北海道自治のかたち論
神原　勝　[未刊]

No.95
市町村行政改革の方向性
佐藤克廣　800円

No.96
創造都市と日本社会の再生
佐々木雅幸　900円

No.97
地方政治の活性化と地域政策
山口二郎　800円

No.98
多治見市の政策策定と政策実行
西寺雅也　[4月刊行予定]

No.99
自治体の政策形成力
森啓　[未刊]

「地方自治ジャーナル」ブックレット

No.1
水戸芸術館の実験
森啓・横須賀徹 1,166円 [品切れ]

No.2
政策課題研究の研修マニュアル
首都圏政策研究・研修研究会
1,359円

No.3
使い捨ての熱帯林
熱帯雨林保護法律家リーグ 971円

No.4
自治体職員世直し志士論
村瀬誠　971円

No.5
行政と企業は文化支援で何ができるか
日本文化行政研究会　1,166円

No.6
まちづくりの主人公は誰だ
浦野秀一・野本孝松・松村徹・田中富雄　1,166円［品切れ］

No.7
パブリックアート入門
竹田直樹　1,166円

No.8
市民的公共と自治
今井照　1,166円

No.9
ボランティアを始める前に
佐野章二　777円

No.10
自治体職員の能力
自治体職員能力研究会　971円

No.11
パブリックアートは幸せか
山岡義典　1,166円

No.12
市民がになう自治体公務
パートタイム公務員論研究会
1,359円

No.13
行政改革を考える
山梨学院大学行政研究センター
1,166円

No.14
上流文化圏からの挑戦
山梨学院大学行政研究センター
1,166円

No.15
市民自治と直接民主制
高寄昇三　951円

No.16
議会と議員立法
上田章・五十嵐敬喜　1,600円

No.17
分権段階の自治体と政策法務
松下圭一他　1,456円

No.18
地方分権と補助金改革
高寄昇三　1,200円

No.19
分権化時代の広域行政
山梨学院大学行政研究センター
1,200円

No.20
あなたのまちの学級編成と地方分権
田嶋義介　1,200円

No.21
自治体も倒産する
加藤良重　1,000円

No.22
ボランティア活動の進展と自治体の役割
山梨学院大学行政研究センター
1,200円

No.23
新版・2時間で学べる「介護保険」
加藤良重　800円

No.24
男女平等社会の実現と自治体の役割
山梨学院大学行政研究センター
1,200円

No.25
市民がつくる東京の環境・公害条例
市民案をつくる会　1,000円

No.26
東京都の「外形標準課税」はなぜ正当なのか
青木宗明・神田誠司　1,000円

No.27
少子高齢化社会における福祉のあり方
山梨学院大学行政研究センター
1,200円

No.28
財政再建団体
橋本行史　1,000円

No.29
交付税の解体と再編成
高寄昇三　1,000円

No.30
町村議会の活性化
山梨学院大学行政研究センター
1,200円

No.31
地方分権と法定外税
外川伸一　800円

No.32
東京都銀行税判決と課税自主権
高寄昇三　1,000円

No.33
都市型社会と防衛論争
松下圭一　900円

No.34
中心市街地の活性化に向けて
山梨学院大学行政研究センター
1,200円

No.35
自治体企業会計導入の戦略
高寄昇三　1,100円

No.36
行政基本条例の理論と実際
神原勝・佐藤克廣・辻道雅宣
1,100円

No.37
市民文化と自治体文化戦略
松下圭一　800円

No.38
まちづくりの新たな潮流
山梨学院大学行政研究センター
1,200円

TAJIMI CITY ブックレット

No.2
分権段階の総合計画づくり
松下圭一　400円（委託販売）

No.3
これからの行政活動と財政
西尾勝　1,000円

No.4
構造改革時代の手続的公正と第2次分権改革
手続的公正の心理学から
鈴木庸夫　1,000円

No.5
自治基本条例はなぜ必要か
辻山幸宣　1,000円

No.6
自治のかたち、法務のすがた
政策法務の構造と考え方
天野巡一　1,100円

朝日カルチャーセンター 地方自治講座ブックレット

No.1
自治体経営と政策評価
山本清　1,000円

No.2　！
ガバメント・ガバナンスと行政評価システム
星野芳昭　1,000円

No.4
政策法務は地方自治の柱づくり
辻山幸宣　1,000円

No.5
政策法務がゆく
北村喜宣　1,000円

政策・法務基礎シリーズ

［東京都市町村職員研修所編］
（執筆者　加藤良重）

No.1
自治立法の基礎
600円

No.2
政策法務の基礎
［刊行予定］

公人の友社の本

基礎自治体の福祉政策
加藤良重　2,300円

闘う知事が語る！
「三位一体」改革と
マニフェストガ日本を変える
自治・分権ジャーナリストの会
1,600円

社会教育の終焉［新版］
松下圭一　2,500円

自治体人件費の解剖
高寄昇三　1,700円

都市は戦争できない
五十嵐敬喜＋立法学ゼミ
1,800円

挑戦する都市　多治見市
多治見市　2,000円

国土開発と自治体法政策
駒谷治克　2,800円

米国都市の行財政
近藤直光　1,800円

新市民時代の文化行政
中川幾郎　1,942円

現代地方自治キーワード186
小山善一郎　2,600円

地方公務員スピーチ実例集
小野昇　2,000円

アートを開く
パブリックアートの新展開
竹田直樹　4,200円

日本の彫刻設置事業
竹田直樹　3,900円

教師が変われば子供が変わる
船越準蔵　1,400円

学校公用文実例百科
学校文書研究会　3,865円